태양을 꾸며요!

반짝반짝 눈부신 태양을 가까이에서 보면 어떻게 생겼을까요?
마음껏 색칠하고 그려서 나만의 태양을 멋지게 꾸며 보세요.

뭐라고 말할까?

다른 행성에 사는 외계인이 지구에 사는 아이를 보면 뭐라고 말할까요?
각 상황을 보고 말풍선에 써 보세요.

선글라스 낀 아이를 보고
외계인은 뭐라고 말할까?

부채질하는 아이를 보고
외계인은 뭐라고 말할까?

아이스크림 먹는 아이를 보고
외계인은 뭐라고 말할까?

똑같은 선글라스

백화점에 선글라스를 사러 왔어요. 아이들이 사고 싶은 선글라스는 어디에 있는지 찾아서 ○하세요.

무엇이 닮았나?

다음 사진에 나온 것들은 태양과 무엇이 닮았을까요? 〈보기〉처럼 빈칸에 써 보세요.

〈보기〉　　주황색이에요.

태양에 빛이 없다면?

지구를 밝게 비추는 태양에 빛이 없어진다면, 우리는 어떻게 될까요?
자유롭게 상상해서 말풍선에 써 보세요.

28-29쪽

 **과학사고뭉치(지구 · 우주) 스티커**

10–11쪽

13쪽

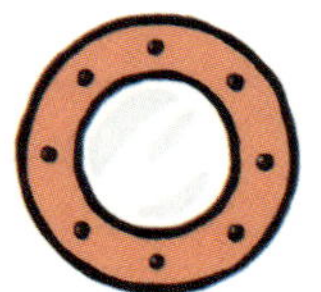 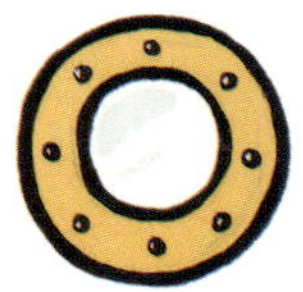 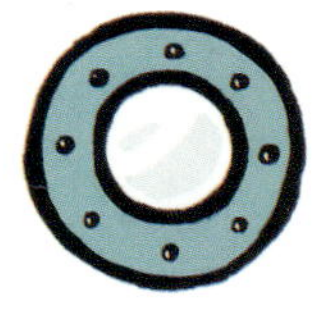  

26–27쪽

달은 어떤 표정일까?

여러 가지 달의 모습을 보고, 달이 사람 얼굴이라면 어떤 표정일지 〈보기〉처럼 그림을 그려 보세요.

〈보기〉

달처럼 생긴 것

놀이동산에 놀러 왔어요. 달처럼 생긴 것을 찾아 ○하세요.

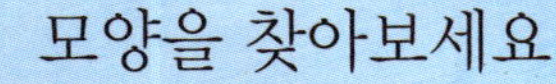

모양을 찾아보세요.

보름달 뜨는 날

보름달이 뜨는 정월 대보름과 추석에는 무엇을 할까요?
틀을 대고 움직여 어떤 풍속인지 살펴보고, 정월 대보름에 하는 풍속에는  스티커를,
추석에 하는 풍속에는 스티커를 붙여 주세요.

〈이렇게 활용하세요!〉

① 위 네모틀을 뜯어내세요.
② 네모틀을 그림에 대고 위아래로
   왔다 갔다 하면 그림이 움직이듯 보입니다.

달

달에 간다면?

달에 가서 살게 된다면 하고 싶은 일 세 가지를 써 보세요.

1.

2.

3.

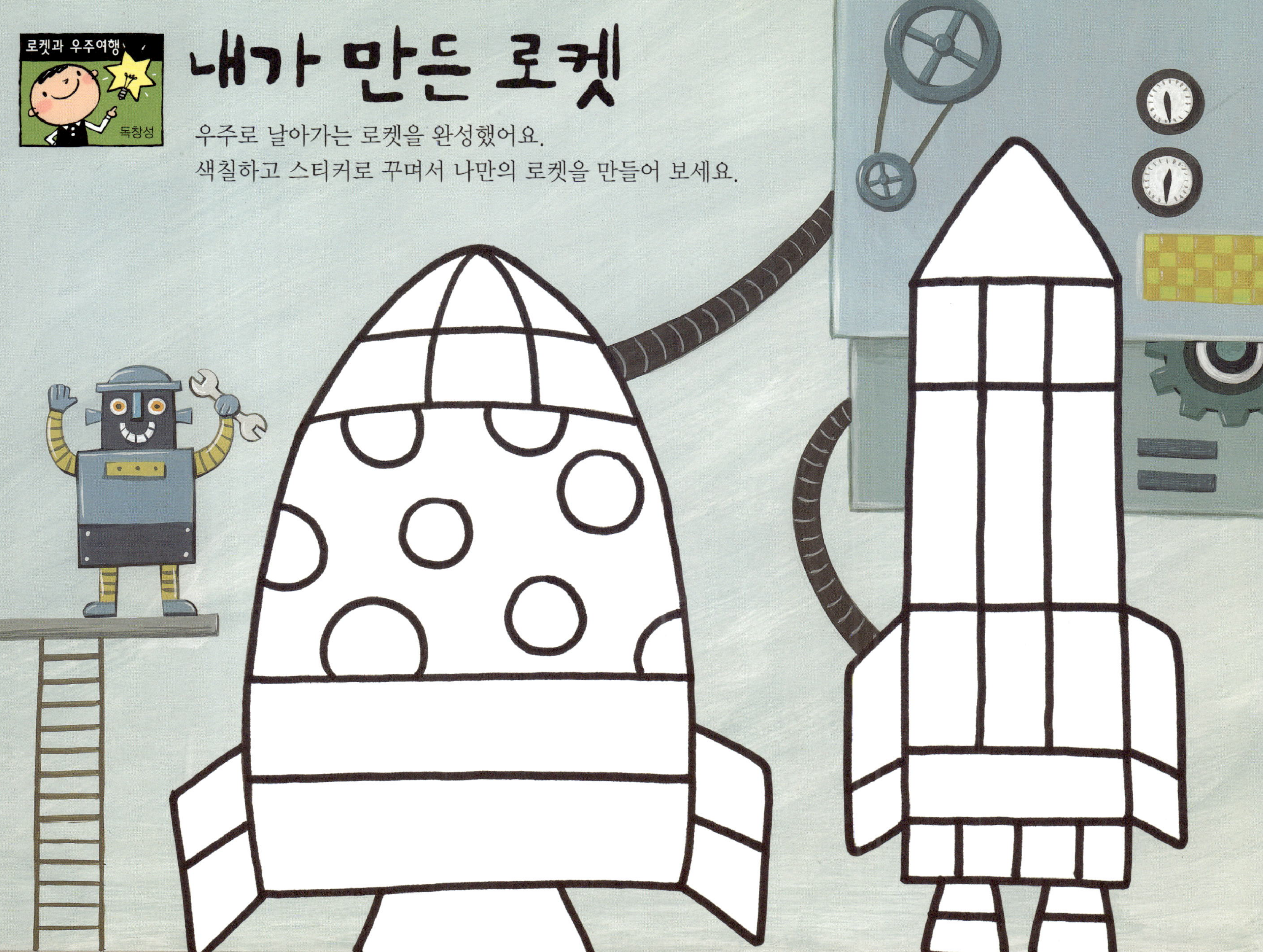

내가 만든 로켓

우주로 날아가는 로켓을 완성했어요.
색칠하고 스티커로 꾸미며서 나만의 로켓을 만들어 보세요.

우주복을 입어요

내가 우주에 간다면 어떤 우주복을 입을까요? 〈놀이 방법〉대로 두 친구한테 우주복을 입혀 주세요.

(15쪽 활동 자료 활용)

〈놀이 방법〉

① 15쪽에서 우주복을 뜯어내 색깔별로
   놓아요.
② 두 사람이 남자아이와 여자아이 중
   누구를 맡을 것인지 정해요.
③ 가위바위보를 해서 이긴 사람이
   자기가 맡은 아이에게 우주복을
   하나씩 입혀요. 장갑과 신발도
   한 번에 한 개씩만 입힐 수 있어요.
④ 모든 우주복을 더 빨리 입히는 사람이
   이기는 거예요.

15

〈16쪽 행성 놀이〉 활동 자료

행성 놀이

태양계 행성 퀴즈 게임을 하며
태양 둘레의 행성에 대해 알아보세요.
다음 〈놀이 방법〉을 보고 즐겁게
퀴즈 게임을 해 보세요.

(뒷표지 활동 자료 / 15쪽 활동 자료 활용)

〈놀이 방법〉

① 15쪽에서 주사위와 태양·달 그림 말을 뜯어내
  풀칠하여 만듭니다.
② 뒷표지 활동 자료에서 행성 카드 8장을
  뜯어냅니다.
③ 행성 카드는 게임판과 함께 가운데 두고, 말은
  하나씩 나누세요.
④ 먼저 시작하는 사람이 주사위를 던져서 나오는
  수만큼 게임판에서 말을 이동합니다. 퀴즈가
  있는 칸에서 퀴즈를 풀고 답을 말합니다.
  뚜껑을 열어 답을 확인하고, 정답이면 그 행성
  카드를 가져갑니다.
⑤ 번갈아 같은 방식으로 하다가, 한 사람이 먼저
  '끝'에 오면 게임이 끝납니다. 먼저 도착한
  사람은 자기에게 유리한 행성 카드를 한 장
  골라 가질 수 있습니다.
⑥ 가지고 있는 행성 카드의 점수를 모두 더하여
  높은 사람이 이깁니다.

로켓과 우주여행
민감성
우주인을 찾아라
〈보기〉에 있는 우주인을 그림 속에서 찾아보세요.
〈보기〉
17

로켓과 우주여행

우주 비행사가 된다면?

우주 비행사가 되기 위한 신청서예요. 각각의 항목에 맞게 신청서를 써 보세요.

우주 비행사 신청서

사진 붙이기

★ 이름 :

★ 나이 :

★ 사는 곳 :

★ 키 :

★ 몸무게 :

★ 우주 비행사가 되고 싶은 이유 :

★ 가장 가고 싶은 행성은?

화산 폭발

땅속에 있던 마그마가 어느 산으로 나가서 폭발할까요?
세 가지 미로를 따라가 보고 마그마가 도착한 산에 화산이 폭발하는 모습을 그려 보세요.

세계지도를 보면…

세계지도를 보고 떠오르는 그림을 〈보기〉처럼 그려 보세요.

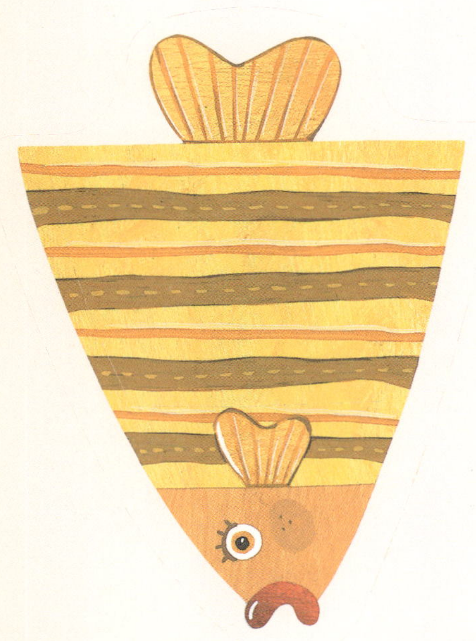

무슨 소리일까?

지진이나 해일은 지구가 끊임없이 움직이고 있다는 증거예요.
이때 어떤 소리가 날지 그림을 보고 소리를 써 보세요.

해일이 일어요

바다 속에 지진이 나서 파도가 세게 치고 있어요. 물속에 있는 물고기들은 어떻게 움직일까요?
물고기를 뜯어서 물결 위에 놓고 옆으로 움직여 보세요. 어떻게 보이나요? (22쪽 활동 자료 활용)

지진이 일어난다면?

다음 상황에서 지진이 일어난다면 어떤 일이 벌어질지 상상해서 써 보세요.

날씨 기호

다음 날씨 그림을 보고, 〈보기〉처럼 날씨 기호를 만들어 보세요.

계절마다 달라요!

봄, 여름, 가을, 겨울, 각 계절에 어울리는 스티커를 찾아 붙이고, 계절의 특징을 알아보세요.

가을
겨울

더운 곳, 추운 곳

지구에는 일 년 내내 덥기만 한 곳도 있고, 일 년 내내 춥기만 한 곳도 있어요.
이런 곳에는 어떤 사람들이 사는지, 어떤 모습을 볼 수 있는지 알맞은 스티커를 붙여 보세요.

번개가 치면!

번개 치는 날 어떻게 하면 안전할까요?
그림 속 친구들이 어떻게 하면 좋을지 상황을 보고 말해 보세요.

똑똑
발명 비법

재료 바꾸기 발명

아이엠 그라운드 장갑 이름 대기.

털장갑.
고무장갑.
가죽장갑.
면장갑.
비닐장갑.
어, 어,
또 뭐가 있지?

메롱, 내가 이겼지롱!
근데 장갑 종류가
많긴 많다!

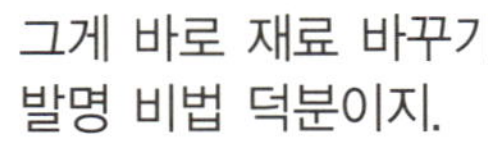

그게 바로 재료 바꾸기
발명 비법 덕분이지.
재료 바꾸기
발명?

그래. 같은 장갑인데도,
뭘로 만드느냐에 따라
새로운 물건이 되는 거야.
털장갑이랑 가죽장갑은 추울 때,
고무장갑은 설거지할 때 써.
면장갑은 일할 때,
비닐장갑은 음식 만들 때
쓰지.

재료만 바꿨는데 이렇게 쓰임새가 달라지다니.
종이컵을 한번 생각해 봐.

종이는 물에 젖으니까 아예 컵으로 만들 생각을 못했어. 하지만 고정관념을 깨고 종이로 만든 컵 탄생!
젓가락도 쇠젓가락이었는데, 이제는 플라스틱 젓가락이랑 일회용 나무젓가락까지 나왔잖아.

요즘 과학자들은 새로운 재료 개발에 노력을 기울이고 있어. 깨지지 않는 유리, 다림질이 필요 없는 옷감…….

하지만 무조건 재료만 바꾼다고 좋은 발명이라고 할 순 없어.
왜?

일회용 스티로폼 그릇은 환경 호르몬이 나온다고 하잖아. 또 환경도 오염시키고.
하긴…… 모든 사람한테 사랑 받을 수 있는 좋은 재료를 생각해 봐야겠다.
짠, 신문지로 만든 옷은 어때? 심심할 때 읽을 수 있잖아!
맙소사!